民 族 民 间 艺 术 瑰 宝

SURES OF ETHNIC AND FOLK ARTS

鼓楼 风雨桥

贵州民族出版社

《鼓楼·风雨桥》

贵州民族出版社/编
主　编/宛志贤

摄　影/冯玉照
钟　涛
谭继尧
杨玉平
李　屏
石开忠
杨绍德
郑铁牛
中共黎平县委宣传部

概述撰文/石开忠
图版撰文/钟　涛

美术编辑/王　剑
文字编辑/李国志
装帧设计/王　剑

本书策划编辑人员
（按姓氏笔画排列）
王　剑　　龙　英
吕凤梧　　李国志
宛志贤　　胡廷夺
钟　涛

概述：鼓楼·风雨桥

图　版

贵州从江县信地鼓楼是侗乡著名的老鼓楼，建于清道光十一年(公元1831年)。此楼建位与众不同，没有像其他村寨那样建在寨内民居之中，而建于寨口，与沟上的风雨桥联珠辉映于古道。

概述：鼓楼·风雨桥

侗族分布在黔、湘、桂、鄂四省(区)交界的地区，这里的地势西北高，东南低，为长江和珠江两大水系的分水岭；众多的河流贯穿其间，是云贵高原、湖南丘陵、广西丘陵的交汇区。这里的土质有机质含量较高，肥力较好，又属亚热带湿润山地气候，气候温和，夏无酷暑，冬无严寒，水热同季，十分有利于树木生长和林业生产。这块土地森林资源丰富，树种繁多，有林海、宜林山国之称，是国家重点林区之一。特别是杉木更为突出，它纹理条直，成长迅速，有8年杉、10年杉、18年杉之说，还具有外腐里不变质等特点。明朝时，中央王朝开始大规模地对侗族地区进行开发，杉木作为贡木出现在汉文的史籍上。随之而来的是安徽、江西、湖南等地的木商沿清水江而上到这里做木材交易，侗族中的一些人也从中获利。侗族人民由于长期进行林业生产劳作，与之结下了不解之缘："林不兴则山无衣，水无源，粮不丰。"

在侗族传统社会中，人们聚族而居，以村寨德高望重的老人为族长或寨老，在村寨之上有以地域为基础的社会组织，当地人叫做"款"，它有规约。制订规约、宣讲规约和执行规约都要在鼓楼中进行。侗族地区的村寨多依山傍水，山上有树木，寨前有河流，人们在这里种植水稻，日出而作，日落而息，自给自足，恬静而自然，形成了侗族特有的民族文化。这样的自然环境为鼓楼、风雨桥、吊脚楼等木质建筑提供了良好的物质基础条件，为侗族传统社会的和谐创造了条件，使侗族的传统文化得到了保存和发展。

一、鼓楼

侗族鼓楼，是一个呈宝塔形的建筑物，它高耸于侗族村寨之中，雕梁画栋，光彩熠熠，与吊脚楼的民居相比犹如鹤立鸡群，互相辉映。它是侗族村寨的象征，是姓氏的象征，是民族团结的象征，更是侗族建筑艺术的结晶，人们都极力地去呵护它、赞美它。

(一) 鼓楼的含义

侗族鼓楼是因为其上置有鼓而得名，可见是以其功用而来的，即楼上有鼓，用以传递信息，故被他称为鼓楼。而侗族人则常坐于楼下的大厅摆古闲谈、聚会，故有自己的名称。

鼓楼里鼓的摆放有三种情况：一种是放置在鼓楼顶部，有独木梯上下供敲击，这种情况分布较广，如黎平县至榕江县40公里处高近村的鼓楼之鼓，从江县的高增、增冲鼓楼之鼓就属这种情况；另一种是将鼓悬吊于鼓楼一层的梁枋上，有事需要击鼓时只须垫高脚即可击到，这种情况以湖南省通道侗族自治县黄土寨以及平坦河流域的鼓楼为代表；还有一种是将鼓放在鼓楼大厅的一角，这种情况以广西壮族自治区三江侗族自治县八协鼓楼和独洞河流域一些村寨的鼓楼为代表。

这是鼓楼最传统也是最古老的放置鼓的方式，近现代以来放置鼓的方式有些变化，但仍然放置在鼓楼内，与其名称依然相符。

鼓楼中的鼓是用桐木制作，制作时将一截数尺或丈余长的木头挖空，两端蒙上牛皮而成。

(二) 鼓楼的分布

从史料的记载来看，侗族鼓楼的分布为：东边至湖南省的芷江、绥宁县，西边至贵州省的榕江县，南边至广西壮族自治区的三江侗族自治县，北边到湖北省的宣恩县。从这一记载来看，这些地区是侗族居住的地区，也就是说所有的侗族地区都建有鼓楼。由于受汉族文化的影响，并且鼓楼是用木头制作而有它自己的年限，加上侗族社会的变迁等原因，有的侗族地区的鼓楼消失了。据统计，侗族地区尚存630余座鼓楼。主要分布在贵州的黎平、从江、榕江，广西的三江、龙胜，湖南的通道等县，即南部侗区，属侗族居住的核心区域。

从这些分布地区来看，又有不同的片区。黎平县共有

231座鼓楼，主要分布在构洞至高近片区，岩洞至双江、口江片区，顿洞、皮林、肇兴片区和水口、龙额片区等，在肇兴乡就有19座，而其中肇兴寨就有5座，这是黎平鼓楼分布较密的地区之一，同时也是侗族地区鼓楼较多的地区之一。从江县有鼓楼共125座，分5个鼓楼群。榕江县有鼓楼40余座，主要分布在与从江县的九洞毗邻的苗兰、宰荡等村寨。三江侗族自治县有鼓楼118座，主要分布在梅林、独峒、八江、林溪、同乐等乡。龙胜各族自治县有鼓楼75座，主要分布在平等河流域，如平等大寨就建有8座鼓楼，加上各小寨还有6座，全村共有14座鼓楼。通道侗族自治县有鼓楼约40余座，比较集中地分布在平坦河流域和南部的一些地区。

（三）鼓楼的类型及建筑特色

侗族鼓楼类型有多种划分标准，有从建筑学角度来划分的，有从功用上来划分的。

从建筑学的角度来看，鼓楼的水平面投影均为偶数正多边形，而没有奇数的，一般有正方形、六边形、八边形；立截面均为奇数重檐，少则一层，多则二十一层，高达二十余米。鼓楼中有用一根粗大的杉木作主承柱的，也有四根、六根主承柱的，最多的有八根主承柱，从地面直通屋顶；檐柱一般有十二根，也有八根、十四根、十六根的。有从外表的上下两个部分来分类的。从上部也就是从顶部来分类，有悬山顶式、歇山顶式及多坡面攒尖顶式鼓楼，而在攒尖顶式鼓楼中有单顶鼓楼和双叠顶鼓楼之分。从鼓楼的下半部来分类，下半部分有“干栏式”、“楼阁式”、“门阙式”、“地面建筑的民居式”、“厅堂式”等。干栏式是指鼓楼的下半部分架空的干栏式构造，集会大厅设在二楼，类似干栏民居，即下层堆放柴草，上层住人，故名。楼阁式鼓楼的特点是层与层之间的距离较大，瓜柱较长，顶层高度与下层相同，可登高远望。门阙式鼓楼的特点是用阙作为鼓楼的衬托建筑，它多建在村寨的出入口处，下是寨门，上是重檐。地面建筑的民居式鼓楼，类似于平房，其上加重檐而成。厅堂式鼓楼是分布最广、数量最多的一种鼓楼类型，有无遮挡的厅堂式、半封板式厅堂式和全密封式厅堂式。很显然这种划分也包含了功能划分的成分。

攒尖顶式鼓楼是用多层变形如意斗拱和挑檐枋承托构成，有的鼓楼还加上多层锯齿形叠涩木以使层数由小到大，并在最大层面上用椽子随顶部钉成宝塔状且盖以瓦片而成。如果是双层攒尖顶式鼓楼，则是在顶层的下部再加一层变形如意斗拱构成，有的甚至做成窗格，它的尺寸比顶层要大些，顶部同样钉有椽子盖以瓦片，但它的坡度没有顶层那么陡，与顶层共同构成下大上小的宝塔状。

歇山顶式鼓楼的下部也是采取用多层变形如意斗拱和挑檐枋承托构成，顶部同样盖以瓦片，只是顶部的坡度不是那么陡峭，也不是多边形，而只是两边形或者是四边形，形同侗族民居的“两边倒水”或“四边倒水”屋顶建筑。

从侗族鼓楼的建筑结构及外观来看，它有中国宫殿建筑结构的成分，坛庙、陵墓、寺观、楼台、亭、榭的因素，将中国木结构的“井干式”、“穿斗式”和“抬梁式”三种主要方式融为一体，具有很高的建筑科学价值。1985年6月，贵州侗族建筑风情展览在北京举行，一些建筑专家认为，鼓楼将中国木结构的三种主要方式融为一体，具有很高的建筑科学价值。除了那些规模宏大的宫殿、坛庙、陵墓、寺观之外，侗族的鼓楼是我国建筑艺术的典型。当联合国有关机构官员和各国驻华使节100多人参观侗族鼓楼和风雨桥的模型、图片和风情展览后评价说：“中国侗族别具一格的建筑艺术，不但是中国建筑艺术的瑰宝，而且也是世界建筑艺术的瑰宝。”

（四）鼓楼的结构

鼓楼是以杉木为材料，以卯榫穿斗构架为主的结构方式。从外表来看，鼓楼主要有歇山顶式和攒尖顶式两种类型，但它的建筑结构从柱子的多少来叙述较为容易理解。这样，鼓楼可分为独柱型鼓楼和多柱型鼓楼两种。

独柱型鼓楼结构。从鼓楼内部来看，以中柱为中心，大小不一的枋片斜穿叉套，交错于中柱，就像杉树的树枝与树干一样，整个形状与呈伞状的杉树没有差别。第一层的撑柱撑住第一层檐，同时又作第二层的撑底，层层相撑直至顶端。

多柱型鼓楼结构。这里是指四柱、六柱和八柱结构类型鼓楼。一根中柱可构成多角，两根中柱和三根中柱则不可能构成双数角，所以在多柱鼓楼中没有两柱和三柱的，只有四柱、六柱和八柱的。四柱鼓楼是以四根粗大的杉木作中柱（又称作主承柱），以略小的十二根杉木作檐柱（又称作边柱），分别用四方枋将中柱、檐柱穿斗成内柱环和外柱环。再利用阁枋和层层内收而叉立瓜柱的出水枋、瓜枋，分别与两个柱环连结，层层挑水出檩子和檐柱，构成楼身支架。楼顶是在楼身构架的基础上，用十字枋对角穿斗四根中柱，十字枋的正中叉立梢柱（又称雷公柱或尖柱）。每边枋上再依次叉立两根副柱(又称蜂窝柱)和格子柱(又称窗柱)，其柱身再穿斗几组十字枋和瓜柱，就构成了顶架。这是攒尖顶类型鼓楼顶部的构架。这是大致的基本构架，具体到某个鼓楼又或多或少有些差异。歇山顶则是用四

根副柱和格子柱用十字枋与四根中柱头穿斗做成屋架形状。

（五）鼓楼的外形及建筑过程

1. 鼓楼的外形

侗寨鼓楼从远处看起来像一棵枝繁叶茂的大杉树，侗族本身也认为它是一棵大树，能遮阴躲雨，所以鼓楼在某些场合又被叫作“遮阴树”。侗族为何取用杉树并做成它的模样呢?这是因为侗族居住的地区杉树生长得最好，数量也比较多，而且杉树砍了以后，埋在地下的根不会死，还可以长出更多的小树，具备“砍不完”的特点，砍了又发，发了又砍，永不间断，因此侗族人认为杉树是“树仙”，把它视为吉祥树。因为是吉祥的，人们居其下，在它的下面活动就能得到好处。以物拟人，以物寄情，后来人们就将鼓楼造成杉树的样子。杉树状的鼓楼侧面呈等腰三角形，从物理学上讲，等腰三角形是最稳固的形状；鼓楼下大上小层层收缩有利于消声、消烟；在高处可以远眺，击鼓之声能传得较远，等等。

这种因素我们还可以从一些事例中得到佐证。在尚未有鼓楼的地方，春节举行必不可少的节庆活动——踩歌堂跳集体舞时，便临时砍一棵杉树立在坪子的中间，人们围着这棵树唱歌、跳舞。有的地方不慎失火，大火把寨子连同鼓楼都烧光了，他们不是先修房子，而是要先修鼓楼，即“未建房屋，先建鼓楼”。如果鼓楼的材料尚未准备好，则先在原鼓楼遗址上竖一根杉木，以此来代表鼓楼。侗族人每迁徙到一个新的定居地都要遵循这一“先修鼓楼，后起房立屋”的古训。

2. 鼓楼的建筑过程

鼓楼的建筑过程分为选材、立架等程序。

鼓楼如果是“兜”（侗族语言，相当于汉族的家族或宗族）内所建，则由全兜人出资出力出材料，有亲缘关系的“兜”也出面帮助；如果是全寨人的鼓楼，则由全寨人承担所有费用及出资出力。但无论是哪种鼓楼，其中柱(主承柱)及梢柱都是由兜内寨内老的住户捐献，而且在砍伐时要有专门的仪式，其余小木料才由全兜或全寨人分摊。砍树前要杀猪请寨上去砍树的几十个腊汉(男青年)吃一餐饭。砍树时要顺山倒，但不能着地，而是要用树丫衬着，将枝叶剔干净后从山上抬到鼓楼坪的马凳上。树抬回来后主人还要杀猪请腊汉们吃饭。

在设计方面，没有文化的木匠多用芦苇秆做模型向主寨、寨老及群众解释自己的构架方案。有文化的木匠就画一张剖面草图(即中柱与出水枋和假柱与出水枋的尺寸)来作解释。大多数鼓楼的檐结构是采取“五分出水”即楼体高与出水枋之比为1∶2。也就是说，鼓楼的楼体(不包括顶)每升高一尺，出水枋从第一层算起各内收两尺。攒尖顶屋面是“一尺出水”，即1∶1，也就是梢柱每升高一尺，出水枋各内收一尺。从鼓楼的直观上看出的层层内收重檐就是这一比例计算而做出的。

画墨和锯凿卯榫是一件细致的工作。鼓楼以卯榫穿斗结构为主，工作量大，因此务必做到精益求精，才能确保鼓楼的成功。木匠们的每一根墨线，人们认为关系到全兜、全寨人的祸福，特别是师傅在中柱上弹出第一根墨线前要给他三条腌鱼，一筱糯米饭，一筒米，一个红包(一至三元钱不等)，用来祭请神灵护佑。

鼓楼立架要在深夜鸡叫三遍时开始。在这之前要由木匠和鬼师起水驱邪，这样做才能确保立架师徒、腊汉和全兜、全寨人的安全，使鼓楼与日月同辉。同时由寨老或兜老和全寨、全兜老人商议，选择几十名腊汉作帮手。这些腊汉必须父母健在、兄弟姐妹齐全，家里没有非正常死亡的。立架的当天晚上，凡独生子女都要离开本寨。立架主要是指竖立中柱和穿斗上四方枋。工作时师傅靠手势指挥，所有参加者都不得发出声音。中柱立好后就要鸣放铁炮和鞭炮。此时全寨人起床围观并举行隆重的上梁仪式。至上午时客寨和兄弟寨挑礼物和猪肉及火塘边的四条长凳等来祝贺。待到鼓楼盖瓦装饰完毕，寨老还要举行隆重的踩歌堂仪式，庆祝三天。

鼓楼落成后，寨老在鼓楼召开大会，推选“登岁”（即管理鼓楼的“传士”）。“传士”的职责是负责喊寨，报警，打扫鼓楼卫生，冬天在鼓楼里生火给大家烤，夏天挑凉水放在鼓楼里给大家喝等，村寨给他相应的报酬。

（六）鼓楼的装饰及其内容

鼓楼的装饰可分为雕塑装饰、绘画装饰和其他装饰等几种类型。

1. 雕塑装饰

雕塑装饰主要是在楼身各层的翼角、顶层屋背和檐下及门枋上的装饰。它首先是起到加固的作用，并在此基础上形成雕塑装饰，有的也属于专门的雕塑内容。雕塑的材料有扁铁、桐油、石灰及糯米浆等，最近一二十年也有用钢筋水泥来作雕塑材料的。雕塑的内容，在翼角上多为类似仙鹤状的鸟的形状；在亭顶屋背塑有龙，楼身下部的一、二层及隔板上多塑有龙、猴、虎，最顶部嵌有陶瓷宝珠尖顶。顶阁下面各层梁上钉有椽皮，并用大小羊桃藤捶烂与石灰拌和架瓦使之牢固，同时呈白色的自然雕塑。贵州省黎平县纪堂鼓楼底层呈方形，上为八角形，共有九重檐，为四角攒尖顶。宝顶为铁制，下为如意斗装饰，屋背白色，翼角高翘，装有套兽，塑有狮、虎、凤、猴、兔、蛇、虫、鸟等动物。楼上一、二层檐之间有“二龙戏珠”木雕，大门上有“幸福堂”金字匾额。贵州省从江县则里鼓楼为十一层，飞檐翘角，顶层镌有6条飞龙游云，中层塑有“双凤朝阳”，一层楼的前门和后门两侧镌有“双龙抢宝”浮雕。该县洛香乡登岜鼓楼为四柱登顶八角形九层翘檐瓦顶尖塔，阁檐上塑有“十八罗汉”、“八仙过海”和“龙凤呈祥”等图案。贵州省黎平县成格寨的鼓楼，不仅顶部装饰有龙，而且正门额枋上还装饰有一对仙鹤图像。增冲鼓楼每层檐盖以青瓦，并用石灰凝固脊梁，檐间塑有龙凤花鸟。从江县高仟鼓楼的门上泥塑“二龙戏珠”，角、檐、脊顶塑有鸟、兽、虫、鱼等。位于榕江县城东北20公里的宰荡鼓楼，葫芦宝顶为两个铁罐相衔扣组成，尖端塑立一只鸬鹚。车江鼓楼屋脊上塑有龙、狮、麒麟。榕江县苗兰鼓楼底层大门上方左右角脊塑有狮、龙，瓦面塑有“双凤朝阳”等。这些装饰都寄托了侗族人民的美好愿望，希望侗族的村寨、人口兴旺发达。

2. 绘画装饰

从整个鼓楼来看，封檐板作画是一大特色。有的鼓楼是每层封檐板都画有图画，这些五颜六色的彩色图画与白底的封檐板对衬，使这个宝塔式建筑更显得别具一格。一些地方的鼓楼不仅在封檐板上作画，而且在鼓楼内的枋梁上也画有彩色图画，真可谓雕梁画栋。画有牛在犁田，画有牵狗、扛火药枪上山打猎，画有鹰、鹞、猫头鹰、画眉、黄尾等。如今侗族许多村寨通了公路，汽车、马车、拖拉机也成了鼓楼画家们的新题材。在农闲时侗族喜欢斗牛，这种场面在鼓楼装饰中也被淋漓尽致地展现出来。侗族一些地区有吹奏芦笙集会的习俗，“行歌坐夜”是侗族青年男女唱歌玩乐、谈情说爱的一种活动，这些活动被画师们浓缩定格在鼓楼的画面中。萨是侗族人民信仰的惟一的至高无上的神灵，每个较古老的村寨都建有萨坛，平时供人们烧香祭拜，到大祭或扫寨时全村拜祭，是侗族最大的宗教活动仪式，作为鼓楼绘画的内容当是情理之中。这些都是侗族风情、生产、生活、信仰等方面的典型画卷。

侗族受汉文化影响较深，《红楼梦》、《三国演义》、《水浒》、《西游记》、《杨家将》等文学故事也在广大侗族地区流传着。这些在鼓楼绘画中也得到体现。汉族的“八卦图”、孔雀及十二生肖等也画在鼓楼上。历史上的英雄人物形象、侗乡的自然山水、家畜、家禽、鱼类、野生动植物等也是绘画的内容之一。民间传说姜良姜妹造人烟，陆大汉抗清以及反抗姑舅表婚、父母包办争取婚姻自主的《珠郎娘美》也画在了鼓楼上。总的看来，侗族社会生活的内容在鼓楼的绘画装饰上都有反映。

3. 其他装饰

其他装饰主要是指附着在鼓楼某一处而达到装饰目的的装饰，如挂牌匾、挂牛角，堆放石碑等。挂牌匾装饰在新建的鼓楼中比较多见，当主寨建鼓楼，客寨前来祝贺时要有一件物品可供朝贺新建鼓楼的纪念，匾额最能表达这个意思。既然是来朝贺的赠品，那就必然挂在鼓楼的某处，于是就成了鼓楼的装饰之一。鼓楼大门的对联也是一种装饰。较为特殊和古朴且最具研究价值的装饰是鼓楼主承柱上挂的水牛角，或者是钉有拇指大的铁钉等物，使人们看到后浮想联翩，思绪万千，仿佛置身于古朴的侗寨及其古老的文化之中。

（七）鼓楼的社会功能

1. 集众议事

鼓楼内的大厅有火塘，鼓楼旁有鼓楼坪，这些地方有利于人们集中，因此村寨内或家族内的事都要在鼓楼里来进行商议，然后做出决策。历史上关于在鼓楼中议事的记载较为常见，它反映了侗族地区的一些社会状况。现实中的这种情况也常有发生，例如如何贯彻上级的指示等多在这里议定。

2. 宣讲款词款约

每年春节期间由那些款词讲述家当众宣讲款词。“款”是侗族社会历史上的一种地域组织，它有自己的领导，叫做“款首”，有自己的规约，叫做“款约”。由于侗族没有文字，为了便于记忆这些款约，多编成朗朗上口的念词，所以又叫“款词”。其内容为两个方面：一方面是对款内成员的生产、生活、婚姻、家庭等方面行为的规定；另一方面是当

有外寨客人来访时祝赞对方，如赞村寨、赞鼓楼、赞花桥、赞老人、赞小孩、赞青年、赞少妇、赞牛马、赞鸡鸭等。这不仅是宣讲款词，同时也是一种“款文化”，也是侗族文化的一个重要部分。正是这种讲款活动才使众多的款词及侗族款文化和侗族文化得以传承下来。

3. 宣传执行村规民约

侗族除款约外，各村或兜也常订有规约，并利用过年过节时在鼓楼进行宣传或检查执行情况，惩罚违反者。对偷盗者的处罚、对婚姻违规者的惩处是重要内容，近年来的计划生育也被写进了村规民约中，当然也是宣传的一个方面。

当人们议定某些事情之后，就刊刻于石碑之上，供人们遵守执行，谁违反碑刻上的条文就按有关条文处罚。石碑置于鼓楼内或鼓楼坪上。如从江高增寨鼓楼碑、九洞的“公众禁约”碑，广西三江马胖“乡规民约”碑，从江增冲“万古传名”碑等。

定立规约在鼓楼中进行，执行规约也要在鼓楼里进行。

4. 击鼓报信

鼓楼是一个高层建筑，置鼓于其上敲打起来鼓声可以传得远和听得清楚，有通报信息的作用。鼓楼置有皮鼓一面，作为召众集会和报警之用。鼓声作为一种传达信息的号令，有着特定的表达方式：如鼓声密集而长久不断，表示呼救，邻近村寨听到后要立即组织队伍前往救助；如鼓声密集而短促，表示情况紧急，需要本村人立即赶往鼓楼集中；如鼓声重而有序，节奏较慢，表示有大事商量，但并不十分紧急，可以把晚饭吃完再去鼓楼商议；如鼓声密集而又有重音在后，则表示有追捕强盗或作战任务，青壮年男子必须带上干粮和武器立即到鼓楼待命；如鼓声一高一低，轻快自然，则表示喜庆吉祥，这是节日专用的鼓点。击鼓报警，史籍早有记载。清李宗昉《黔记》载：“黑楼苗(指侗族)在古州(今贵州省榕江县)、清江(今贵州省剑河县)等属。邻近诸寨共于高坦处造一楼，高数层，名聚堂。用一木竿长数丈，空其中，以悬于顶，名长鼓。凡有不平之事，即登楼击之，各寨相闻，俱带长镖利刃，齐至楼下，听寨长判之。有事之家，备牛待之。如无事而击鼓及有事击鼓不到者，罚牛一只，以充公用。”

5. 交往娱乐、迎宾送客

这主要是针对村寨之间的客人而言的。农闲时节，特别是春节期间，侗族有集体走寨作客的互访活动，这些活动都要在鼓楼进行。客人进寨后都要到鼓楼或鼓楼坪集合，举行各种欢庆娱乐活动，表演“多耶”集体歌舞，然后才被分配到各户去。客人送来的礼物都要放在鼓楼里后再分到各户。将客人送走时也先要在鼓楼集中，然后才送出寨门。

秋收过后是人们练歌、唱歌、教歌的娱乐性季节。夜晚，鼓楼里灯火辉煌，老年人在这里教歌，成年人在这里唱歌，小孩在这里听歌或学歌，鼓楼变成了传唱侗歌(戏)的场所。

6. 摆故事、聊天

在鼓楼中摆故事、聊天的内容既有汉族的，也有侗族的，既有历史的，也有当代的。汉族的《三国演义》、《水浒》、《杨家将》等故事就是在这里得到传承。侗族自己的《吴勉》、《萨岁》、《珠郎娘美》、《凤姣李旦》等传说故事更是被人们传颂。民间的笑话及机智人物故事如《陆本松》等也是经常讲述的内容。议论以往的战绩，预测明天的胜败，斗牛习俗及其故事等就是这样在鼓楼里得到了传承。

（八）鼓楼的象征和认同

1. 鼓楼的象征

鼓楼是同一聚居族姓或同一村寨团结兴旺和民心凝聚力的象征。一般说来，一个较大的姓氏就有一座鼓楼，但在侗族社会中是以兜这个具有血缘联系的单位为标志的，即一个村寨有几个兜就有几座鼓楼，也有几个兜共建一座鼓楼的。鼓楼既然是每个兜或村寨的，它就要反映这个兜或村寨的人文状况，鼓楼同时也就成了它们的象征。

鼓楼立架都是在夜里进行。主架立好后天刚好大亮，此时旭日初升，一日之季在于晨，它象征着生命勃发生机、蒸蒸日上的态势。

鼓楼的楼身呈多边锥柱形，外轮廓或直或略呈柔和的凹曲线，腰檐层层叠叠，由下而上一层一层地缩小，使庞大的塔式楼身显得稳重而壮丽，远远望去犹如巨龙盘绕，顶亭似龙首高昂。覆盖的小青瓦像鳞甲片片，白色的封檐板像龙的腹部，真可谓活灵活现。当视线由远及近注视时，随着鼓楼在视觉上的增高加大，盘龙状的腰檐会有一种动态效果。腰檐之间的通透架空更增加了“龙身”的立体感，鼓楼亭是在顶檐猛然升高达2米之多而形成，露出木柱安设透窗，斜十字格如龙鳞片片。每根亭柱均在中柱上端内缩一尺，使塔顶又突然缩小，这种样式的亭身恰似从盘绕中昂起的龙颈；有的鼓楼封檐板直接雕塑有龙，或是游龙戏水，或是二龙抢宝等。侗族鼓楼中有龙或隐含有“龙”，可能是与他们长期依山傍水而居有关，或者是受汉文化“龙”的影响，是以龙作为象征的中华民族的一员。

鼓楼水平面投影不管是四边形，还是六边形或八边形，都是偶数，意味着天地、阴阳、男女的组合。檐层多而楼层少，而且檐层数均为单数，取其“活”意，属可变之数，如一座鼓楼是由一根雷公柱、四根主承柱和十二根檐柱组成，它表示一年四季和十二个月，其结构寓意“日久天长”。

鼓楼的装饰图案除有飞龙、二龙抢宝外，还塑有虎、豹、猴、猫、狮、象、鹿、龟等动物形象，均隐含有各压一方邪气之意。钵、缸等也是装饰的一部分，它是被粘附在塔尖顶部，反映天体轮回。鼓楼攒尖顶四坡交角屋面上以及其他类型的垂脊之间，有云头形如意装饰，取如意的含义。楼的正梁中间多绘有圆形二分之一分割法的道教太极图，寓意着事物正在变化或者是万事万物无时无刻不处在变化之中。

鼓楼翼角起翘，侗语叫它为“勾”，它是用扁铁弯成弧形而成，钉于角梁上，外包塑桐油、石灰(用糯米浆加固)。

一根一根的白勾冲天，如白鹤齐飞，如刀剑林立，如龙爪只只，如云气缥缈，有的在扁铁上塑以升龙、立虎和仙鹤、凤凰等吉祥、辟邪动物，以保寨子及居民的平安。

鼓楼装饰的绘画内容丰富，具有浓厚的生活气息和民族特色。描写现实生活内容的有打猎归来、踩歌堂、耕种、汽车进寨、斗牛等等；反映历史的有“姜良姜美”创造万事万物的传说，有反映争取婚姻自主的珠郎娘美等等；反映民族文化交流的有《三国演义》、《西游记》、《杨

家将》等，所有这些都体现了侗族人民对生活的热爱与向往，是历史与现实的象征。

鼓楼最早的形状构拟源于杉树，当它形成一个塔形建筑后又隐含了侗寨的社会结构于其中。侗族村寨多以一个兜为其构成，类似于汉族中所说的一个姓氏。兜有兜老，如果是一兜一寨，则兜老就是这里的最高首脑；如果是多个兜居住在一个寨子，则是在兜老基础上选出的寨老是这里的最高首脑。他根据村规民约处理有关事务，义务为人们服务。兜之下是房族，房族之下是叔伯兄弟家族，家族之下是某个具体的家庭户。在侗族社会中有以60岁以上老人组成的“宁劳”组织和以15～36岁男子组成的“腊汉”组织以及由未婚妇女组成的“告班”组织等。上述这些组织共同构成了侗族社会的网状、层次结构，给予它以象征的就是呈宝塔状的鼓楼。既寓杉树勃发生机之意，又寓侗族的社会组织结构于其中，是一种自然、社会及人文的综合象征形状。它源于植物，但却寓意着社会及其结构，是侗族社会及其结构的立体图像。

2. 鼓楼的认同

鼓楼是自己家族(兜)、村寨的象征，正是基于对它的认同，才有了对鼓楼的认同仪式，这些仪式除了前面提到的聚众议事，制订、执行规约，迎送宾客，节日集会等社会功能外，还有专门的认同仪式于其中。专门的认同仪式主要有以下这些：

鼓楼取名。侗族传统的个人命名制是随着年龄、婚姻的变化而变化的。婴儿满月时要抱到鼓楼内来进行命名活动，这时一般叫取奶名。当长到11岁或13岁时又要到鼓楼来进行第二次取名，这次命名叫做“鼓楼名”。

鼓楼丧祭。老人死时将其灵柩抬到鼓楼(坪)来举行有关仪式后下葬。

鼓楼是全兜或全村寨人的象征，修建得富丽堂皇能给兜、寨人们以光彩，如果是低矮简陋则将会使兜、寨人脸上无光。鼓楼的象征也反映在主承柱上，所以主承柱的附着物、饰物就成为了一种标志。附着象征胜利与光荣之物，表明人们的喜悦之情，以示永久纪念；附着悲惨与羞辱之物，以示人们应永久牢记，以激发人们奋发向上。

(九) 鼓楼与风水观念

侗族将其所居住的地方参照周边的地形地貌比附为某种动物或植物，如牛、老虎、龙、蛇等等。鼓楼一般是要建在高处，即这个“动物”的头部，这样才能永葆青春，永具活力。贵州黎平肇兴寨所处的地理位置是一个山间小盆地，人们将这山形看成是一条大船，修建鼓楼时要遵守这一风水观念：居“船头”的寨子建鼓楼时不能太高，为七层；居“船仓”的寨子所建鼓楼要高大，形似桅杆上扯起的篷帆，故高达十一层或十三层；居“船篷”的寨子建鼓楼要平顶，如同船一样，所以现在肇兴五座鼓楼中仅智寨鼓楼为歇山顶；居“船尾”的寨子所建鼓楼也要高大，才能使“船头”仰首前进，现为十一层攒尖顶式。与肇兴寨为邻的纪堂寨地处麟麟山西端的一块凹地上，侗语的“纪”即山、岭，“堂”即凹地或塘。根据这里的地形，人们将纪堂寨看成是“龙”口处。纪堂分为上下两寨和寨头寨。上寨正处在“龙”的舌尖上，所修鼓楼要矮；寨头寨坐落在“龙”的左颈部，因此所修鼓楼不仅要短小，而且四根中柱不得落地，立面是四角五层重檐，攒尖顶，只有这样才能降住龙脉而又不伤害龙脉，地方上才能得以繁荣昌盛。这种情况，只要是有鼓楼的侗寨，老人们都会说出地理位置选择的一番风水理论。

二、风雨桥

侗族依山而居，傍水而住，由于这里河流多，河网密布，有的绕村寨而流，有的穿村寨而过。侗族人民认为这些江河小溪既有灌溉农田之利，又有冲走财富之害，他们利用其利而又避开其害，不需要的水让它流走，需要的财富让它留住。在江河或溪流或田间地角上架桥，不仅便于人们的交通往来，也是人们心灵交往的象征，还是阳世与阴间的转换之道的象征。这些桥各式各样，有风雨桥、木板桥、石板桥、石拱桥、石墩桥、独木桥、浮桥等，而以风雨桥的建筑工艺最为复杂，是侗族建筑中与鼓楼一样的最具代表性的民族建筑，是侗

族建筑艺术的结晶。

风雨桥蜿蜒曲折地横亘于村头寨尾，犹如盘龙缠绕，构成了一个封闭的不易“流走”财富的人居环境。由此人们会尽力地呵护它，从而创造出了风雨桥这一独具特色的建筑艺术并形成了独特的桥文化。

（一）风雨桥的分布与名称含义

1. 风雨桥的分布

风雨桥优美坚固，既可供人行走，又可挡风避雨，还能供人休息或迎宾送客，它遍布侗族村寨。目前侗族地区有大小风雨桥600多座，其中在贵州省的为最多，约有400余座，广西壮族自治区的三江侗族自治县、龙胜各族自治县约有160余座，湖南省的侗族地区约50余座。在这些风雨桥中，广西壮族自治区三江侗族自治县的程阳桥是国家级文物保护单位，贵州省黎平县地坪风雨桥，湖南省通道侗族自治县的回龙桥，广西壮族自治区三江侗族自治县的巴团风雨桥、龙胜各族自治县的平等风雨桥等是省级文物保护单位，还有更多的是地区或县级文物保护单位。有的村寨搬迁，也将风雨桥一同建到了新的居住地。例如，清朝时期从贵州省天柱县等地迁到湖北省恩施地区的侗族就把风雨桥建在了这里，使侗族的风雨桥的分布面在扩大。

2. 风雨桥的名称

因这种桥的上方亭廊相连，瓦檐重叠，可供行人避风雨，所以，一些专家学者将其称为风雨桥。但也有人称之为福桥，理由是此桥除了便于人们的交通往来、躲风避雨、歇息乘凉之外，还可“堵风水、拦村寨”，以“消除地势之弊，补裨风水之益”，使村寨免灾却难，村民安居幸福。有的人甚至根据这种情况直接称为“风水桥”。风雨桥的桥面两边设置有栏杆坐凳，可供人们歇息乘凉，因此有人称之为“凉桥”。又因这种桥的桥身油漆彩绘，雕梁画栋，亭阁隽雅，所以有人称之为“花桥”。还有人受汉族语言文化的影响，特别是受汉族风水观或者是佛教文化的影响，就某一座风雨桥称之为“回龙桥”、“合龙桥”、“普济桥”。在某一村寨的桥或者是某一村寨建的桥就叫做某某村寨的桥。例如，广西壮族自治区三江侗族自治县程阳村的桥叫做程阳桥，贵州省黎平县地坪村的桥叫做地坪桥。或者是以建在某地的地名为桥名的，还有的地方因在不同时期建有不同的桥，所以有新桥和旧桥的叫法。

（二）风雨桥的结构、类型及建筑特色

1. 结构

从外表来看，风雨桥由下、中、上三部分组成。下部是用大青石围砌以料石填心呈六面柱体的桥墩，无论上下游均为锐角，以减少洪水的冲击。中部为桥面，采用密布式悬臂托架简支梁体系，全为木质结构。桥梁跨度为10米左右，主要是根据木材的长度设计。上部为桥面廊亭，采用卯榫结合的梁柱体系联成整体。廊亭木柱间设有坐凳栏杆，梁柱上、梁枋上绘有各种彩色图案。栏杆外挑出一层风雨檐，它既增强了桥的整体美感，又保护了桥面和托架不受风雨的吹刮。桥架放在桥墩上面，桥墩与桥台之间没有铆固措施，只凭桥台和桥墩起着架空的承台作用。桥面上方建有廊亭、塔楼，有的风雨桥在桥的两头和中间各建一个，这是比较多的一种类型，有的根据桥的长度建有多个廊亭、塔楼。塔楼下方为正方形，上方为四边形或六边形密檐式攒尖顶，形制与侗族鼓楼一样，建筑工艺与侗族鼓楼相同。

2. 类型及建筑特色

对于侗族风雨桥的分类也是多种多样的，有从功用上来划分的，有从建筑的地点来划分。从建筑的地点来划分的，侗族风雨桥有建在村头的，有建在寨尾的，它有交通的作用，有风水的理念，也有构成村寨风光的作用，还有供人们热天纳凉的作用；有建在江河上的，有建在田边地角的，主要是用来交通和下地干活、歇凉、避雨之用。

桥是用来方便人们过河用的，“过河”在侗族人民心目中的含义是指“阳间”的人过河和“阴间”的人过河。人过的这个河是真正意义上的河，是看得见摸得着的河，是

实物的河，实体的河。“阴间”人过的河是象征性的，是看不见摸不着的，是非实体的，是心灵上的河。从这个角度来讲，侗族地区的风雨桥有以下几种类型：

第一种类型是建在离村寨较远的河上，人们一般很少通行，因此对于“阳间”的人来说属于形同虚设的。湖南省通道侗族自治县高铺村风雨桥、寨头乡寨母寨的风雨桥都属这种情况。平时人们多走寨前的木板桥或淌水过河，只是到涨大水时才从风雨桥上走过河去。该县的陇城乡路塘村，原来已有一座桥沟通河两岸，1984年又在离村半里远的下河处建了一座风雨桥来“拦寨子”。该县的陇城乡芽大村也在离寨半里外的小溪上建风雨桥来“拦寨子”，该桥与公路桥仅隔几米，并且比公路桥建得晚，从便利交通的角度来看显然是多余的。广西三江侗族自治县独峒乡高定寨的桥架于寨脚两山之间，桥的一端与寨脚山路相连，另一端则抵悬崖峭壁，人显然是无法通行的。该县的八江乡福田村的风雨桥下虽为河道，但一般无水而成为了旱桥，既然是旱桥，作为通行作用来看显然是多余的。

第二种类型是以“堵风水”为主，以便于交通为辅。湖南省通道侗族自治县坪坦乡高团的风雨桥就建在村头，过桥要绕过一片稻田。为了便于人们行走，于是村民们又在村前架一简易木板桥，如果不是受涨大水的影响，人们是不会绕道从风雨桥上通过的。国家级文物保护单位广西三江侗族自治县的程阳村风雨桥、省级文物保护单位贵州省黎平县地坪风雨桥和湖南通道侗族自治县坪坦乡平日村的风雨桥等就属这种类型。

第三种类型是既“堵风水”，又便于交通的风雨桥。这种类型的风雨桥多建在村前或村尾，是人们进出村寨时的必经之道。湖南省通道侗族自治县黄土乡的风雨桥就建在黄土四寨的村尾，人们要过河到对面种田是必须经过此桥的。

第四种类型是既堵风水，又供人畜通行。在供人畜通行上是将人畜分道而行，即人走上边，牛马走下边，类似于现代都市中的立交桥。这种风雨桥在侗族地区虽然不多，但它的确是一种类型。广西三江侗族自治县独洞乡的巴团桥是这一类型的典型代表。该桥长50米，桥台间距30.4米，二台一墩，为两孔三亭，结构与程阳桥相似，不同之处是在人走的长廊下边另设畜行道，成为双层风雨桥，两层高差1.5米。这既便于人畜行走，又利于延长风雨桥的使用时间。

从建筑的结构式样来划分，侗族风雨桥的类型有在石拱桥上建桥和在桥上建楼等类型。石拱桥上建风雨桥类型是，建有像房子结构的桥身和鼓楼一样的顶部结构，人从上层的木桥上通过，牛马等牲畜则从下层的石桥上过往，形成当今的立交桥状。这种风雨桥的类型从外表上看是一个石桥、木桥、房子和鼓楼的结合体。桥上建楼类型的风雨桥，有建一个楼的，有建两个楼的，或者是建更多的楼的，这要由河流的宽度和当地的经济实力来决定。这种楼多是侗族地区特有的鼓楼形式，所以，有人又将这种风雨桥叫做“花桥鼓楼”。

（三）风雨桥的建造及装饰

1. 建造

侗族风雨桥的修建有它的使用价值，有它心灵的寄托，正是以上的原因，才有了人们积极建桥的举动。建筑风雨桥的材料多是由村人自动捐献，有捐木料的，有捐石头的，有捐瓦片的，有钱出钱，有力出力，而且是不分男女老少。（民国）《三江县志》的记载可见一斑：“殷实者捐银至二三百元或百元不等，少亦数十元。供材不分贫富，服工不计日月，男女老少，惟力是尽。”

在建造风雨桥时，首先是要挖基脚，在开挖之前要烧香举行开挖仪式，之后才能下石料堆砌桥墩。桥墩砌好后在其上架设圆木，采用密布式悬臂托架简支梁体系，其上盖以枋子形成桥面。桥面建有廊亭，采用卯榫结合的梁柱体系联成整体，廊亭木柱间设有坐凳栏杆供人们休息纳凉。廊亭上部有的建成两面倒水的顶，如同鼓楼的歇山顶，有的则是建成鼓楼式样，雕梁画栋，极为壮观。风雨桥建成之后要进行“踩桥”活动，以示庆祝。村寨里的人带上一只鸡或鸭和几包糯米饭以及一些钱纸、香等到风雨桥上祭拜，请求桥神保佑。

2. 装饰

风雨桥的装饰一是指对风雨桥本身的装饰，二是指风雨桥对环境所起到的装饰作用。风雨桥本身的装饰有在桥的两头或中间设有神龛供人们烧香敬神，这些神龛有侗族特有的祖母神——萨，也有汉族的神，还有佛教、道教和地方宗教的神等。有在风雨桥的梁枋上绘画人物、动物等图案。这些人物有侗族历史上传说的英雄人物、机智人物，还有人们唱歌跳舞的场面等；动物主要是侗族地区用来犁田的耕牛等。广西三江程阳桥桥墩上铸有太上老君像，桥上供有菩萨。风雨桥多设有关公庙。关公是义勇的化身，把关公立为神，使之镇守风雨桥。湖南省通道侗族自治县黄土寨下方的风雨桥的桥头设有菩萨，桥中有供关公的神龛。风雨桥两边设有栏杆，它有两种功用：一是风雨桥的结构所必须；二是在风水理念上让水流走，让财富留下。这种理念在有的风雨桥的栏杆上则表现得更为形象和具体，即桥的上方为栏杆，下方则是用木板封实。湖南省通道侗族自治县的坪坦河域就有两座桥还保留着这一样式。风雨桥对环境的装饰，湖南省通道侗族自治县坪坦乡平日村的风雨桥最具典型性，其桥身每间参差一分，形成一度弧形状，使全桥向寨中环成20度弧的蛾眉月形状。因此，有研究者这样描述：“桥如长龙，翼立水上；水至回环，护卫村寨。”看来这一描述是恰当的和符合实际的。

（四）风雨桥的功能

侗族是一个依山傍水而居的民族，因地理环境及人们生产、生活的实际，形成了自己独特的聚落风水观。他们认为，并不是每一个依山傍水之地都是聚落的最佳位置，因此要定居下来都要对它进行一番改造。聚落多选择在绵延而至坝区或溪边戛然而止的地方，这里是山的“头”，任何动物最主要和最有活力的地方是头。聚落选择在山的“头部”这个地方，就可以使村寨有活力，从而使人口繁盛。不仅如此，这个山脉要绵延不断，说明村寨的来源好；山上还要有参天古树，树茂长青则说明村寨生命力永存。聚落地点是山脉戛然而止的坝区或溪边，这恰好是依山傍水，但周围的环境则需要是圆形或槽形的盆地，在其边缘上要有山峰、山峦及树木和相关建筑。如果不符合这一观念，则需要进行一番改造。诸如将树木栽满山岭，于山丫口处修建凉亭等。盆地中有河流、田坝、道路、民居，融满山谷，富庶而和谐，构成了侗族村寨特有的亮丽风景线。

河流是用来灌溉和排水用的，这是为人造福的一面，也有冲走财富给人带来破坏的一面，所以在寨子的下方要建风雨桥。建了桥挡住了“财富”不至于被水冲走，村寨就会富裕起来，就会给人们带来幸福。侗族的风水观主要表现为“聚气使不散”。侗族地区目前保存如此多的风雨桥与他们的风水观是有着密切联系的，是中华民族历史上风水文化的保存与延续。风水观是说人及村寨在这个地方是否适合，如果不适合那就需要做一番改造，风雨桥就是这种改造环境使之适宜于人们生存的产物。

侗族人将这个世界分为“阴界”和“阳界”，或者叫做“阴间”与“阳世”。“阴界”又分为“上界”和“下界”。“上

界”是指天上，这是神仙居住的地方。“下界”是指地下，这是鬼魅居住的地方。“阳界”是指人类居住的地方。侗族认为人是不能永生的，是要死亡的；人是有灵魂的，人死了灵魂不死，可以转世。由此形成了他们自己的世界观和人生观。在侗族社会中有这样一个传说，相传在阴间与阳世的交接处有一条河，它的名字叫阴阳河，在阴阳河上有一座桥，世上所有的人，无论是生人还是死人都要经过这座桥。当人转世时要由阴间走过这座桥去阳世，当人死后又要从阳世经过这座桥回到阴间。

活着的人与风雨桥有关，人们生病被看成是灵魂出游的一种表现，这个时候就要举行“添桥”仪式，特别是孩子生病，这种仪式更不能少。家里人要上山砍一株树，修好之后系上红纸，带上酒、肉、鸡、糯米饭到桥头祭桥，把系有红布的圆木架在它的旁边，然后放上祭品，烧钱纸，敬奉桥头神，祈望桥头神能引回孩子失落的灵魂，保佑孩子平安无事。

死去的人同样与风雨桥有关，人到世上来要过桥，死后也要过桥。老人死后要请道士为死者的灵魂开路。当死者灵柩还停放在家中的时候，道士便来做法事，焚香化纸，念诵“送魂词”。他顺着历代祖先的来路一直念到祖先的来源地，然后又念到阴阳河及阴阳河上的那座桥。就这样，他让死者的灵魂沿着历代祖先走过的路一直走下去，走过阴阳河上的桥，去阴间与祖先灵魂相聚。当死者的灵柩被抬出家门送往坟山的时候，一定要走过风雨桥，以示灵魂又返回阴界。由此形成了每年的大年初一人人都要祭桥，每年二月初二的“敬桥节”为侗族特有。

与侗族鼓楼一样，侗族的风雨桥也是侗族建筑的瑰宝，都是用木料建造的，都是特定的公共场所。但是在使用上却有先与后、严肃与一般的等级差别，而这一切又是一个缺一不可的联贯过程，是侗族鼓楼、风雨桥文化演示、体现、传承的过程。侗族的风水观造就了侗族的风雨桥和村寨格局，而村寨格局的形成保存了侗族的文化，风雨桥不仅便于交通和保护风水，也是便于人们沟通的桥梁，是人与人心心相印的象征。当人来到这个世界上的时候先要祭桥，然后到鼓楼去取名；当人死去离开这个世界的时候先要到鼓楼去举行仪式，然后送他（她）过风雨桥到阴间去，整个人生中的最重要的礼仪即一头一尾的礼仪文化在这里得到了展现。

侗族有村寨之间互相做客的习俗，侗族语言叫“为赫”。当客人来到时，主人要先到风雨桥头迎接进寨，然后才带到鼓楼就坐、休息；而送客时则是先到鼓楼集中，然后才送客出寨，最后在风雨桥中依依惜别。侗族的迎来送往礼节和热情好客的传统在这里得到了淋漓尽致的体现。送亲人出远门和迎接归来的游子，风雨桥是专用的场所，它被看成是心灵沟通的象征，是靠岸的码头。风雨桥见证了许多热泪与欢笑。

侗族青年男女谈情说爱有固定的场所，一个是在寨中固定的建筑物内，另一个是在风雨桥中，这里是热天最适合的地方。谈情说爱时，青年男女分别面对面地坐在桥廊两边的长凳上。男青年手握琵琶，一边唱歌一边用琵琶伴奏，拨动琴弦，诉说衷肠，谈情说爱；女青年则一边唱歌回答一边做针线，谈情说爱的礼节在这里一览无余。

风雨桥还是设宴席招待客人的好地方。届时人们从自己家中拿来菜肴，一个两个，三个五个不等，摆放在桥中的长凳上供客人食用。在风雨桥上设宴有两个含义：一个含义是，桥是长条形的，在这里吃饭表示着常吃常有；另一个含义是，桥是沟通人间与神间的，同时也是沟通人们心灵的，在这里吃饭也意味着需要沟通或者是沟通的进一步加强。

风雨桥多建筑在村头寨尾，桥的两边设置有长凳，在炎热的夏天是人们休息纳凉的好地方。

正是以上的原因，才有了人们积极建桥的举动，才使侗族的风雨桥及其文化经久不衰，成为人类宝贵的文化遗产。

图版

侗族鼓楼是一个村寨民心凝聚力和团结兴旺的象征，是侗寨建筑群的核心和灵魂，也是侗族村落的标志。

坐落在丛山中的侗寨

一、鼓楼、风雨桥与侗寨建筑格局

侗族鼓楼、风雨桥流行于侗族南部聚居区，主要分布在贵州省黎平、从江、榕江三县，以及与之毗邻的湘西南通道侗族自治县、桂东北三江侗族自治县。这五县是南部侗区的核心主体区域，又是侗族传统文化保存完好而最具代表性的地区。

南部侗区，大河小溪众多，侗寨多依山傍水而建，掩隐在青山绿水间，相与自然之美丽，得天地之灵性。一座座承袭远古巢居构式的全木结构干栏吊脚楼民居，层层叠叠簇拥，重檐塔体的鼓楼高耸其间，与寨内寨外的溪河横卧长廊式风雨桥相望，三位一体构筑成完美和谐的建筑群落，赋予侗寨独特鲜明的民族品性。

与鼓楼、风雨桥相呼应的尚有建筑风格一致的寨门。三者都有寨标建筑的属性。

侗寨建筑群中，还有侗戏楼“牛王房”(喂养村寨公共打斗牛的圈房）、井、“萨岁”坛等公用设施，以及禾凉、禾楼、仓楼、厕楼等私用附属设施。这些公私建筑形式都非常别致独特。

鼓楼、风雨桥、寨门、干栏吊脚楼民居，以及上述公私附属建筑，都是木结构，用材取于当地盛产的杉木，而且建筑形式都与森林、巢居有深远渊源，保持着人类民居原初的天然质朴本性，以及对大自然的崇敬，刻记着远古历史的烙印。

南部侗区梯田

侗族以种植水稻为主，经世代辛勤垦殖，层层梯田布满山间。

自动灌溉的水车

这是安置在河道自动提水灌溉的轮式水车。

侗寨的附属建筑:禾晾、仓楼

南部侗区喜食糯米饭，历史上以种植糯禾为主。糯禾需经暴晒多日，干透后才能脱粒，故而村寨中建有专门的“禾晾”晒禾。

侗寨储藏粮食的仓楼单独建在住房之外以防火灾。此寨仓楼在禾晾背后水塘上，又称“水上仓楼”，更便于防火，是非常优越的仓楼建筑形式。

山腰侗寨的布局

这是一座布局得体的侗寨。高耸于民居建筑群的重檐塔体鼓楼与寨脚长廊式风雨桥遥相呼应，互为映辉。

1.侗寨的核心和灵魂
——鼓楼布局

鼓楼通常以村寨为单位，一寨建一座；由几个小寨组成的大村寨，若各自经济能力允许，也有按小寨各自修建的，有二三座，个别多达四五座。

鼓楼是侗寨建筑群的核心和灵魂，因而多建在村寨的中心区域。这是由它的社会功能的重要地位和建筑形体的特殊景观性所决定。作为社会功能，它是一个村寨的政治中心、社会活动中心和娱乐休闲中心，历史上曾长期担负军事报警兼指挥中心的职能。作为景观，它高耸于民居建筑群的特别形体犹如鹤立鸡群，使民居建筑群分散的视线有了聚焦之点，从而达到村落以之为“统帅”的聚合集团之势。

鼓楼前多留有宽大的地坪作为集体歌舞娱乐之用，有的把侗戏楼、“牛王房”配置于旁，还有的风雨桥与鼓楼相连，形成楼桥联珠景致。

也有个别村寨的鼓楼建于寨口，路穿其间，兼有寨门的作用。

一寨一楼的布局：著名侗寨从江占里

该寨早年已意识到人口增殖与自然生态的关系，自觉实行人口的计划增长，近150年来全寨人口保持在600人以内，约100多户人家。村寨不算很大，吊脚民居基本上保持传统的杉木皮为顶盖，俗称“木皮房”，比烧瓦盖房环保。民居群从寨脚河岸依坡势而建，一座十三层重檐的高大鼓楼耸立其间，寨前是禾晾、水上仓楼，布局十分得体有序。

“侗乡第一寨”：黎平县肇兴的一寨五楼布局

贵州黎平县肇兴有“侗乡第一寨”和“鼓楼之乡”之称。它是南部侗区历史古老的最著名大侗寨之一，据称有千户人家。其由同宗陆姓分成五个姓的五个小寨，分别以仁、智、礼、义、信为小寨冠名。每寨各建鼓楼一座，这五座鼓楼，各楼层数或顶式有所不同。这是唯一一个村落有五座鼓楼的布局。而且这个乡的鼓楼工匠技术特好，多外出修楼，故肇兴被人们誉为“鼓楼之乡”。

鼓楼在民居建筑群的聚焦作用

这是一座民居群与鼓楼布局严谨的村寨，众多的民居相邻紧凑有序，鼓楼高耸于中央主位，使视线从平淡的民居群落聚焦到高位的鼓楼，全寨便有了主导中心，鼓楼的亮点使全寨增辉。

大寨子的布局

小寨子的布局

鼓楼位于寨中路道、寨口的布局

这种布局很少，处于寨口的鼓楼兼有寨门的功能。

鼓楼前的空间布置

鼓楼前多留有宽大的地坪以供集体歌舞娱乐。

鼓楼与侗戏楼的配置

南部侗区流行侗戏（侗族的剧种），很多村寨建有演出侗戏的戏楼。由于鼓楼是村寨的娱乐活动中心，故而戏楼亦多设在鼓楼相近处。图上鼓楼前方就是一座小型侗戏楼。

2.侗寨人气的凝聚
——风雨桥布局

风雨桥的布局，除交通的实际需要及景观装点需要外，与中国传统的古老风水观念和原始宗教观念有密切关系。风水观念与原始宗教观念将桥与河水赋予的神秘意义是：溪河流经于寨内寨边，水流寓含财气人气的流动；桥横卧于其上，有阻拦、锁固之意象；建风雨桥于寨口、寨内，便具有财气人气凝聚于本寨不外流出去的意义，俗称“拦风水”。故而有些村寨的河沟哪怕很窄小，或者河沟离村寨尚有很大一段距离，也要修一座风雨桥于其上。

一个村寨建几座风雨桥，没有定规，视河道和民居布局而定。

建在寨口的风雨桥亦兼有寨门功用。

修桥补路是侗族崇尚的传统美德，有些山间路道的小溪河也零星建有风雨桥。

位处寨口的风雨桥

村寨若遇较大河流，这种寨边河流的风雨桥根据河流走向，并视河岸形状、地质能否适宜架桥来选位。一般建在村口不远处，以便进出方便。当然这种选位亦含“拦风水”的意义，但不是作为主要因素来考量。

位处寨内的风雨桥

流经寨内的河道通常比较小，建风雨桥“拦风水”的考量就重要一些，方便行走和装点寨景才是其次。

鼓楼·风雨桥与侗寨建筑格局

寨内楼桥相望的布局

此寨鼓楼、风雨桥都精美，是楼桥连珠形式中很优秀的一类。这座风雨桥比较长，图上仅摄到一半。

寨口风雨桥兼有寨门功用

寨口风雨桥兼有寨门功用，在村寨间集体交往活动中，是迎客、送客的重要场所。此桥为黎平县四寨乡四寨花桥，现代新建，桥基不是传统木结构，改用混泥土多拱构式。

寨内风雨桥与鼓楼相连的布局

这种形式为楼桥连珠，风雨桥是作为鼓楼的配景。

典型的“拦风水”置位布局

这座风雨桥远离村寨，处在稻田边小沟上，若以交通功用论，无必要设置，主要在于“拦风水”。

3.侗寨漂亮的脸——寨门布局

寨门，旧时代是作为防御军事侵犯而设置的重要安全设施，而今它则被视为装点村寨的门面，是村寨集体交际活动中迎来送往的重要场所。很多村寨极注重寨门的美观性，建筑形式借用鼓楼、风雨桥的特征和风格，有亭式、牌楼式、亭廊组合式等多种。亭廊组合式有“旱地风雨桥”之称。

旱地风雨桥式寨门

这座寨门与风雨桥构式接近，它的塔楼建在廊顶中部，廊厢也保持着很传统的侗式干栏式。

此为芦笙迎客时的场面。

牌楼式寨门

此式寨门融入汉族牌楼形式的局部特征多一些，属侗式与汉式的混合体，但装饰风格显出侗式的特色，尤其中央四面坡斗拱攒尖顶，强化了侗式特征，汉族牌楼没有这种顶式。

隆重的迎客礼节——寨门拦路迎客

拦路迎客是迎接外寨集体来访时的隆重礼节。主寨姑娘用纺车等用具拦住进寨通道，客人到来，主方唱歌盘诘，对方答唱合格，才撤除路障，敬酒给客人喝后进寨。

二、鼓楼建筑形式的演进

鼓楼在侗寨村民心目中具有神圣的精神力量，是一个村寨团结兴旺的象征，护佑全寨安宁、祥和、昌盛。从而推动其建筑形式从满足实用向强化景观功能的方向不断发展，由简易而变复杂、由粗糙而变精致、由小型而变高大雄伟。

侗族鼓楼建筑形式的发展演进过程中，吸收融合了汉族塔、阁、亭等多种建筑的造型元素。

主体构成由普通干栏吊脚楼民居的基型演变为重檐塔体形态，通过基座、重檐、顶式这三大部位的变化而形成多种不同的造型及风格，其中以重檐、顶式的结构、装饰、势态为突出重点。檐边取偶数，有正方形、正六边形、正八边形等三种；檐层取奇数，最少三层，多则达十三、十五或十七层。这种立面与平面奇偶相对的取数，既是美学法则的巧妙应用，又蕴含中国古老的阴阳哲理和神秘观念。顶式有悬山、歇山、攒尖三式；歇山、攒尖两式多垫以倒锥体蜂窝状斗拱衬托，俗称宝顶；攒尖式宝顶可两层相重，俗称双宝顶。这些构式都是对中国木建筑传统形式的民族化创造，形成鲜明的侗式特色。

鼓楼的建筑形式可按发展演进次序分为初级、中级、高级三个层次。不同层次的形式，不仅清晰勾勒出建筑技术、审美倾向的演进路径，同时还体现了不同时代、不同地区在经济实力上的差异。

四边形座基转八边形重檐形式鼓楼

三宝鼓楼

此为榕江县车江寨2000年新建的鼓楼，该地俗称“三宝”，故名“三宝鼓楼”。此楼为当地最高鼓楼，重檐、宝顶共21层；内仿增冲鼓楼转角楼梯道，可由底层到达顶层置鼓间；基座筑高台、青石雕花围栏，仿汉式殿堂形制。

典型的干栏吊脚楼基座构式

这是一座典型的以干栏吊脚楼民居构式为基座的鼓楼。它的重檐以基座的正四边平面层层叠升，顶盖将四面坡倒水的檐层聚集成攒尖顶式。

湖南通道侗族自治县马田鼓楼

这是湖南境内最著名的一座老鼓楼，至今已有300多年历史。图上所摄景貌，系20世纪80年代维修过的新状。其基座属典型的长方体干栏吊脚楼构式，它中段的重檐塔楼由基座的长方体转换为正方体，以适合重檐塔体的结构需要，塔顶又从下层的四边檐转换成八面坡攒尖顶。此楼的形式很特别，结构复杂，造势恢弘，装饰精致，且楼面可兼作演侗戏的戏台，为侗族鼓楼中罕见，已列入全国重点文物保护单位。

1.鼓楼由吊脚楼民居构式向重檐塔体构式的演变

在现存的鼓楼中，尚保留少量干栏吊脚楼民居形式基座的重檐塔体鼓楼，主要分布在湖南通道、广西三江两县境内。这些鼓楼应该足以说明鼓楼重檐塔体的构式是从普通民居形式演化形成的。

历史上，每个侗族村寨都有供村民集体议事聚会的一座公房，这种公房又是众人休闲、娱乐、唱歌吹笙的场所，内置有木鼓供军事报警，另设有一口大火塘供人烤火，置有多条长木凳供人坐，置有水桶供人饮水。鼓楼便是从这种公房逐渐演变形成的。它最初没有特别规范的建筑形式，属于干栏吊脚楼民居同类的建筑体，仅需要厅堂比较大，能供众多人活动即可。随后人们为了强调它的重要地位，在其单层屋顶檐面增加檐层，以凸显于普通民居。为了追求高大雄伟，檐越加越多，就成了后期多层重檐塔体的规范构式。在南部侗寨，有些没有鼓楼的村寨，直到20世纪90年代前，还普遍保留有类似民居的公房，称叫“卡堂”。

吊脚楼基座的变式——将楼面移到地面

这座鼓楼虽然将吊脚楼基座的实用层面从二楼降至地面，但整体仍保留着干栏民居构式的一些典型特征。它的基座、重檐、顶式都维持民居的四边形体征，尤其歇山式的结顶更突出，若去掉顶盖下的八层重檐，把顶盖扩大放在基座上，便完全类同民居。

四面坡攒尖斗拱顶式

这座鼓楼檐面的结构变化比较特别。它的重檐是由正四边形基座转换为正八边形，结顶又转换成正四边形，形成丰满而又变化灵活的视觉美感。

2.鼓楼的斗拱宝顶及檐面彩塑彩绘装饰

侗族鼓楼多采用正方形、正六边形或正八边形基座及檐坡，其形式亦相应多采用歇山、攒尖两式。同时为了强化顶式的凌空气势并获得装饰性美感，多在歇山、攒尖顶的下部加垫倒锥体的格框蜂窝状斗拱和一段瓶颈式的网格棂窗。这种加了斗拱的顶盖，人们给它一个象征吉祥富贵的俗称——“宝顶”。攒尖宝顶的顶尖上再加一葫芦串桅杆，有直插苍穹之势。

侗族鼓楼的檐口多为直檐，且封檐板极宽，檐层间距很小，似层层相叠一样，具有强烈的平行线格装饰性美感，这是侗式鼓楼檐式的重要特征之一，主要流行于黔境，因此也可以称为黔式鼓楼风格。也有少数采用汉族曲坡面形式，檐口成由中向两角抬升的曲弧边。

基座平面宽大的高级形式鼓楼，不仅追求气势宏大，更追求装饰的精致丰富、优美。檐板通常刷成白底，其上绘以彩画，檐脊、勾头施以彩塑。传统的彩塑内容主要为龙、鱼、狮、虎、雀等吉祥动物和镇兽。20世纪80年代起，彩塑和彩绘都增添了新时代的气息，其中有很多他们自己的生活风俗场面、传统故事，以及汉族经典小说、寓言中的人物、情节等。

攒尖顶桅杆的陶瓷葫芦串

攒尖顶上的桅杆下部由多个葫芦状陶罐拼接而成。

蜂窝状斗拱的结构

六坡面攒尖斗拱顶式

歇山斗拱顶式

此歇山顶虽为正四边形檐口，但与正四边形攒尖顶结构大大不同：它是『人』字形两面坡倒水的悬山式变化来的，因此顶部有横向的一直线正脊，两侧檐上部有山墙。

典型的黔式风格檐面结构及彩绘彩塑装饰

这是著名的“侗族大歌之乡”从江县高增乡小黄寨20世纪80年代重新维修过的一座鼓楼，其檐脊勾头的彩塑人物、动物极其巧妙生动，特宽大的封檐板上彩绘细致，其中檐角勾头有组“猴子捞月”彩塑取自中国寓言故事。

朴质生动的“农民画”彩绘

鼓楼上的彩绘都是当地农民自作，他们的绘画技巧虽不如专业画家那样熟练，但形象描述仍然非常生动，内容多取材于生活风俗，如斗牛、行歌坐月、打粑、纺织、渔猎等等，充满激情和浓郁的乡土气息。

四边形基座正面第二层重檐的断檐门脸处理及彩塑

四边形基座的正面第二层重檐中段，往往断开，形成一段缺口，此处多塑以“二龙抢宝”为主题的彩塑，以突出鼓楼正面的显要。龙是中国各民族共同崇拜的神化动物，它可保寨安民、保佑五谷丰收、送子送福等等，故而供奉于特别显要的位置。

彩塑制作

彩塑制作以铁丝、竹木为骨架，外捆稻草绳、麻丝，抹以黄泥、石灰成坯型，外用漆色描画。

3.正方形基座鼓楼的造型变化

当鼓楼从民居长方体单层顶盖向重檐塔体发展，长方体的基础便显出视觉上、建筑结构上的不适。而鼓楼作为村寨民居建筑群的视觉焦点核心，要适宜各个方向的视觉都处于正面的效果，由此又引申到神秘观念中，这样才能无主次地福荫全寨各户。因此鼓楼基座便由长方形定型为正方形的主流形态，进而产生正六边形、正八边形的形态。

正方形基座鼓楼的重檐，初始保持与基座相等的边数递升，随后有些鼓楼采用错檐形式，从第二或第三层檐起，转换成正八边形檐。错檐的错位形式分为两种：一为骑角错，一为骑边错。错檐形式的产生，使在不改变基座形状的情况下，檐层突破单一的四边形态，有更丰满多姿的变化。错檐的结构难度比檐层与基座保持相同四边形的形式复杂，体现了侗族工匠建筑技术的巧妙高超。

已有370多年历史的四边形基座“独柱”鼓楼

正方形鼓楼内部通常由从地面伸及顶盖下的四根较大木桩为主承柱，通过横枋连接各层檐角。而此鼓楼只有一根主承柱，以它为中心，加“十”字形穿枋，如轮辐与各层檐角相连，第一层穿枋太长，另加四根陪柱支撑其中。故有“独柱鼓楼”之称。

此鼓楼位于贵州黎平县岩洞镇述侗寨，初建于明崇祯九年（公元1636年）。

四边形九重檐无斗拱四边坡攒尖顶鼓楼

无斗拱的攒尖、歇山顶式，多分布在湘桂境内。这座鼓楼亦属中级形式，虽然形体具有较大气势，但装饰比较简约，尚未达到精美。这种鼓楼多属早期年代修建。

稀檐构式的中级鼓楼

这座鼓楼属中级层次的鼓楼。其形态比较瘦小，采用稀檐加大檐层间距，以拉高整体高度。

精致型四边形密檐鼓楼

这座鼓楼从檐层和高度来说，仅为中等级，但其密檐叠构紧凑，封檐板宽大，檐面青瓦与封檐板的白色底彩绘构成非常强烈的色彩对比，突出了檐层线的节奏韵律。因而显得特别精致优美。

四边形九重檐悬山顶鼓楼

此楼属中级形式的鼓楼，层数不算多，由于采用檐层间距较大的稀檐构式而显得比较高大。其顶式为悬山式。

四边形转八边形错檐的“骑边错”构式

这是贵州从江县高增乡高增寨的三座鼓楼之一，已毁于火灾。此楼为黔式风格四边形基座转换为八边形重檐构式的代表性杰作之一。这种错檐构式是侗族建筑技巧的高超巧妙应用，它的主承柱和塔体与四边形的相同，

四边形转八边形错檐的“骑角错”构式

这是著名“千户侗寨”、“鼓楼之乡”贵州黎平县肇兴乡肇兴寨的五座鼓楼之一。“骑角错”是四边形基座转八边形重檐的普遍构式。所谓“骑角”，指错位上，重檐的八边中有四边骑跨在底层四边形的四角。它与“骑边错”的视感形成很大差别，反映了人们对审美多样化的追求。

从江县银潭寨鼓楼

重檐构式融入较多汉式风格的鼓楼

此类鼓楼主要流行于湘境、桂境，受汉族阁楼、檐坡构式的影响很大。其檐层间距很稀，具有汉族阁楼特征；它的檐面为小曲坡，檐角上翘弧度较大，都有明显的汉风。这座鼓楼的错檐亦为『骑角错』。

湘桂风格的老鼓楼

湘桂侗族聚居区多与汉族区域毗邻，与汉族交往密切，明清以来受汉文化影响很大，其鼓楼的建筑形式，多数凸显汉式与侗式风格的结合。

这座鼓楼像汉族阁楼一样，不注重追求檐层多而主要以平面面积宽大而营造宏大气势。基座的精致半栏式围壁、弧曲托檐，仿自汉式明清建筑；八面坡攒尖斗拱宝顶的曲坡面、大翘角飞檐，亦是仿自汉族构式。

此楼的四边形转八边形错檐属『骑边错』。

鼓楼建筑形式的演进

4.正八边形、正六边形基座鼓楼的造型变化

侗族鼓楼借鉴了汉族亭、塔、阁等采用的传统形式，形成基座、重檐同为正八边形或正六边形的构式。但为数较少，不如四边形基座鼓楼广泛，且多属修建历史较久，现代新修的稀少。其原因除审美观念取向外，主要是四边形基座转换八边形重檐技术的成熟，不必靠八边形基座来构建八边形重檐。

正八边形、正六边形基座鼓楼多属高大、雄伟、精致的中、高级形式。檐层多在九层、十一层、十三层间。顶式通常为与下层檐同边数的攒尖斗拱宝顶，且斗拱底端成细颈，特别突出了宝顶凌空欲飞的气势。基座围壁多采用栏杆坐凳半栏式，门、柱、枋等构建的工艺均很细致，整体显现一股清代汉式木建筑工艺的严谨风味和艺术情趣。

历史悠久的第一经典鼓楼瑰宝——增冲鼓楼

贵州省从江县住洞乡增冲寨是历史悠久的著名古老大寨之一。该寨鼓楼建于清康熙十一年（公元1672年），已有300多年历史，是现存建筑年代最早的八边形基座双宝顶十三层重檐鼓楼。其楼气势雄伟恢弘，高25米，占地面积160平方米。内有四根粗大主承柱，每根直径0.8米，高15米，相间3.6米而组成四方形，通达宝顶之下檐层；底层八根粗大檐柱以穿枋与之相连，其上层层短檐柱内移骑跨下层穿枋成梯形内收而向上递升，结构成宝顶下的十一层重檐。内部与众不同的是，环围主承柱铺设几层真正的楼面，从二楼起有宽踏板木梯上下；各层楼梯错位安放，梯道在几层楼道间螺旋似上升，以此直达吊有木鼓的顶楼，俗称为“转角楼”。随后的鼓楼双宝顶形式，以及近十来年来个别鼓楼内所建转角楼形式，莫不以增冲鼓楼为范本。此楼1984年已列入全国重点文物保护单位。

八边形基座七层八角稀檐攒尖单宝顶构式

此楼基座围壁细格花窗棂工艺精细，但檐口未设置封檐板装饰，视感简约粗糙。层数不多而又要追求高大，故采用稀檐形式。

六边形基座十一层六角密檐攒尖单宝顶构式

六边形基座九层六角密檐攒尖单宝顶构式

此楼檐层不多，重叠紧密，结构紧凑，工艺精致，封檐板宽大，彩塑彩绘装饰优美，属小型高级鼓楼的典范之一。

八边形基座攒尖单宝顶十三层重檐鼓楼

八边形基座简易鼓楼

八边形基座的简易鼓楼很少。简易鼓楼大多因受经济实力不足的限制不得已而为之。此楼为歇山式斗拱顶，此顶式在八边形基座八角檐高层鼓楼中未见使用。

5.鼓楼的修建及内部结构

修建鼓楼是全寨人的荣耀和义务，各家各户自觉捐钱捐物，献工献力，不计多寡，尽其所能。正因为如此，鼓楼才被赋予为一个村寨民心凝聚力和团结兴旺的象征意义。

新修鼓楼，从选址、砍树、开工平基、木匠起工、立架、上大梁至落成，有很多仪式程序和忌讳规矩。其中立架上梁、落成的仪式和庆祝活动最隆重热烈，特别是落成庆典，远近友寨及亲朋来贺，笙歌曼舞，群情激荡。

鼓楼属全木结构，柱、枋以卯榫穿斗组连，工艺复杂。它的内部除像增冲鼓楼这样极个别的设有真正楼层外，其余都没有真正楼层。通常，四边形檐面置四根主承柱，正八边形檐面置四根或八根主承柱，正六边形檐面置六根主承柱，其从地面直达顶下方的檐层位，形成主框架，通过主承柱穿枋连接与各层檐角的檐柱。在顶的下方可铺一层楼板形成小楼面，便于上去击鼓站立，另固定一独木梯供上下。因此整个内部结构的柱、枋、椽条及青瓦背都暴露一尽，它们的框架结构性一律整线条，无须雕梁画栋的刻意加工，便有一种自然的图案装饰美感，而木材、青瓦天然的黄色、青灰色相间，给人以质朴、亲切的感觉。

木匠师傅的施工图纸

鼓楼木匠师傅对鼓楼的结构了然于心，不需要详细的设计图纸，只画一个简约的外形轮廓草图便可施工。

鼓楼立架上主梁时的一道仪式

无论民房或鼓楼修建，都以中心一根主梁作整座建筑的代表体，所以上梁时有郑重仪式，并饰挂一些吉祥物。图上的大梁已摆放了作为吉祥物的一捆侗布，木匠师傅在用酒祭拜。用侗布、禾作吉祥物，是男耕女织生产方式的农耕意识体现。

鼓楼立架时的庆贺场面

鼓楼立架时，全寨人吹着芦笙，敲锣打鼓，挑起充满喜气的红黄彩色糯米饭等，绕楼架庆祝，激情洋溢。

鼓楼的整体构架

八根主承柱构式

以主承柱为核心的穿枋结构形式

供上下楼顶击鼓的独木梯构式

此梯在一根大木柱上穿若干小木枋作垫脚，形似蜈蚣腿，俗称『蜈蚣梯』。为避免人们随意爬上爬下，此梯不触地，从底层檐的高度起升。

鼓楼建筑形式的演进

木鼓的一种放置方式——顶鼓

木鼓多悬吊于楼顶下，避免不懂事的小孩随意敲击，同时也为突出鼓的重要性。其位置越高，鼓声传播效果更好。在湘桂境内，也有个别干栏式基座的鼓楼，把鼓置于底层厅堂。

木鼓的另一种放置方式——地鼓

有些鼓楼把木鼓置于底层（一楼或二楼）人群活动空间，即地面或楼板上。其鼓垂立于地面（楼板），以四柱木架相围，鼓面牛皮不蒙钉在鼓桶上，而将其四角斜拉绷捆于鼓架四面横枋上，形制独特。

鼓楼内部的核心——火塘

火塘位于地面（或楼板）中央主承柱内。有方形、圆形两种坑洞形式。工艺讲究的用石条铺围边框。火塘烧的柴由各户供给，烧火、看守有人轮流值班。这是外寨青年集体来寨『月也』走访做客社交活动中，在鼓楼火塘对歌的场面。装在箩筐里和火边烤着的糯米粑粑，是主客欢聚的丰盛美食。

三、风雨桥建筑形式的演进

风雨桥遍布于侗族的村村寨寨，其建筑形式的独特、精美及鲜明的民族风格，使其不仅是侗寨的一道美丽风景和标志，更是中国建筑艺术的一朵奇葩。

风雨桥是我国传统人行桥的一种建筑形式，即在桥面上加建有顶盖的廊道以遮风雨，便于行人停歇休憩和保护桥体（旧时多为木桥），同时又是一种景观，故而各地也有稀少存留，只是不及侗族地区这么普遍。

风雨桥无论是建筑技术还是建筑艺术都达到相当高度。它的造型将长廊、亭、塔、楼牌等多种建筑形式有机完美地融合，移入了鼓楼的重檐构式和顶式，风格上与鼓楼极其呼应统一，由此构成鲜明的民族特色。

原生态的木长桥——“板凳桥”

这种桥的木桩柱似人们日常坐的条凳，故俗称“板凳桥”。

此桥每跨以几根原木并拢成排安放在桩柱架上成桥面，构造简单，修建容易。故而在宽河面的水浅区架设这种桥作季节性通行，秋冬春雨少的时候使用，夏天雨季被大水冲走后需另重建。

1.初级简易型风雨桥

风雨桥建筑形式由初级简易形式到高级精美形式的演化，有一个漫长的历史过程，其间不仅有赖于建筑技术、建筑艺术、审美水平的进步，更有赖于经济的发展。旧时代很多村寨的经济条件很差，故而现存的风雨桥中，初级简易型仍占大多数。

初级简易型风雨桥虽然结构、造型、装饰、工艺简约，但已开始形成侗族风雨桥独特的基础格式和风格。通常，在长廊单层檐顶的中央或两侧，各加一小段一层或两层与底檐同向的悬山式重檐帽顶。

简易型风雨桥的简约朴质，或许更能给人一种原生态的美感。

桥墩采用“板凳桥”木桩进化构式的小型简易风雨桥

这种木桩桥墩结构适合水位浅，河面又稍宽的风雨桥架设，是比较原始的一种构式。它的桩式比板凳桥更进一步，形成独木支柱形式。

移用“板凳桥”架构形式作桥基的简易型风雨桥

此桥桥墩完全与“板凳桥”结构相同。

其长廊顶盖上的两个顶帽状重檐，属侗式风雨桥的特征。

单跨简易型风雨桥

这座风雨桥虽小，顶上左端的重檐帽亦显露出侗式风格特征。

风雨桥原初的廊盖形式

此桥廊盖上无重檐类的装饰性装置，属风雨桥原初的廊盖形式。

2.高级精美型风雨桥

高级风雨桥在造型上，突破初级形式廊体单层顶盖的单调平板，通常以中央和两侧分三点式增设与鼓楼相同的三层至五层重檐塔楼，使廊体的形状更为丰满并形成宏伟气势。多数遵循的格式是：中座塔楼的形体大小、高度、造型等规格强过两侧塔楼，使之既变化丰富而又有主次之分，突出中央的核心主体地位。

高级风雨桥在工艺和装饰上都追求精致细腻，从而达到非常优美的观赏性。所以，在贵州境内，人们给风雨桥另一个名称——“花桥”。花桥之称比风雨桥之称，更能准确体现风雨桥从初期遮风雨属性演进到高级形式注重的核心本质属性——美。

由初级向高级过渡的形式

此桥已具备高级形式的一些特征，但它的廊顶变化还较简约，没有达到层次的丰富和气度，重檐位置也尚未走向“三点式”的规范格式，即中、左、右三处相置。

贵州境内第一经典风雨桥——地坪花桥

国家重点文物保护单位地坪花桥，坐落在黎平县南端都柳江下游支流龙额河上。其造型、建筑工艺都堪称经典，尤其桥墩、桥面建筑结构的处理技术，属中国木结构桥梁的优秀典范，故有贵州第一风雨桥之称。三个桥墩的下段用方石垒砌，上段用圆木、方木并排横纵相扣成几层，形成悬臂，以托垫跨梁，使跨梁降低跨度，将重力分散于悬臂桥墩，接近于圆拱桥的力学应用。桥面两层跨梁间，亦横向并排置方木枕，将之与跨梁用木栓锁扣，增强了整体合力，使桥面压力分散在所有木头。这种结构，是对大跨度木桥最高明的力学处理，同时又具有结构性装饰美感。侗族大跨度风雨桥普遍采用此结构形式。

此桥另有一特别之处是，长廊底部两边设有偏檐，以遮挡雨水淋着桥墩、桥面边沿的木头。这一设置在很多大型风雨桥中都有，说明建顶盖保护桥体是风雨桥发端的初意之一。

侗乡第一风雨桥——广西三江侗族自治县程阳桥

程阳桥不仅是侗乡第一大型风雨桥，也是中国第一大型多跨木桥，为全国重点文物保护单位。1983年被洪水冲毁，1985年修复。

其桥坐落在马安寨的林溪河上，长77米，离河高7.6米，宽4米。桥廊上5座正方形塔楼，由中至两端分为八面坡攒尖顶、四面坡攒尖顶、歇山顶，离桥面高度分别为7.3米、7米、5.5米。气势雄伟壮观，装饰华丽。桥墩悬臂及跨梁结构形式与地坪风雨桥同，只是所用木头更粗大。

此桥为民间募资修建，捐资人遍及湘黔桂三省区各民族，主要捐资人列名九块大石碑立于桥头，真正是一座象征各民族团结的风雨桥。

三座塔楼同式的构式

采用三座塔楼同式的风雨桥不多，普遍少用，因为这种形式比较单调呆板。

现代混凝土多拱桥基的风雨桥

近二十年来，在风雨桥的桥基结构上，较多使用现代建筑技术的混凝土拱跨形式，廊体保持木结构传统形式。此为黎平县四寨花桥。

湘桂风雨桥的一种形式

湘桂风雨桥中，有一部分与其鼓楼风格一样，檐层的构式常有汉族制式特征，檐坡多成弧曲面，檐角翘得高；同时攒尖顶式多不用斗拱。此桥的端头塔楼两层重檐间距较大，有阁楼特征，也有别于黔式风格。

一种塔楼别致的组合构式

这是一座构式很传统的老风雨桥，河沟很小，却采用两跨来拉长桥廊，配以三座塔楼，稀密有序，协调得体。桥虽小，而桥基保持悬臂叠架构式。它的塔楼与桥廊的组合形式也与众不同，三座塔楼似三座完整小鼓楼，由长廊把它们串联起来。两侧塔楼采用悬山顶也为多数风雨桥少有。此桥坐落在寨口山脚，旁一坝稻田，更给它一种清新的自然之气。

小巧精美型构式

此为黎平县岩洞镇四洲花桥。由于是现代新建，桥墩使用了混凝土构筑，其余保持传统木结构。此桥中座塔楼的八面坡斗拱攒尖顶为细颈型，这种造型在黔境小型风雨桥中使用较多。

三座塔楼同为斗拱攒尖顶的小巧风雨桥

此亦为黔境小型精巧风雨桥的一种构式。这种混凝土拱桥桥面的风雨桥，多在二十世纪九十年代以后所建。

风雨桥建筑形式的新时代利用

近十年来，随着侗寨旅游热潮的到来，有些侗寨增添了与风雨桥风格相近的廊道景观建筑，与风雨桥组成侗风浓郁的建筑群。这是黎平县一个侗寨的桥、廊组合群新景。

风雨桥传统的木结构跨梁与桥墩悬臂构式

风雨桥廊道结构

风雨桥两侧檐柱通常为双排，以之形成栏杆坐凳。此桥是现代混凝土桥面。

四、笙歌曼舞的侗寨

侗寨，美妙的建筑与美妙的歌舞永远相伴。鼓楼下、风雨桥上、寨门前，男男女女、老老少少的笙歌曼舞激荡山寨，颂扬友谊，颂扬爱情，颂扬理想，颂扬对美好生活的向往与追求。

侗寨，历经千年沧桑，永远乐观向上、生机蓬勃，传承着历史悠久的灿烂文明。

侗寨，美妙的建筑与美妙的歌舞融为一体，成为侗族优秀传统文化的瑰宝，是中国乃至世界共同的一份珍贵文化遗产，必将得到世人的珍爱、珍惜、发展、弘扬。

鼓楼里的歌舞活动

节日激情洋溢的集体歌舞

这是侗族传统的集体歌舞“多耶”，以芦笙队居中伴奏，众人手牵手在鼓楼前围成多层圆环队伍，绕圈边舞边唱。舞蹈动作简单，主要有踢步，举手两个动作相配合。

“大歌之乡”贵州从江县小黄寨千人唱“大歌”

“大歌”是侗族独特的多声部合唱，为侗歌中最优秀的演唱形式，并以地域形成几种演唱风格。其曲调的原生态清纯动听享誉海内外，其中从江县小黄寨是主要代表之一，称之为“小黄大歌”。此寨有良好的演唱传统，小孩从小学习，优秀歌手众多，多次应邀出国演唱。这是近年节日中千人唱大歌的一个场面。

侗族优秀的弹唱音乐——琵琶歌

这是以琵琶（似汉族三弦）为伴奏的演唱形式，有自弹自唱、男弹女唱和真嗓、假嗓之分别。假嗓相当于美声唱法。

尚重琵琶歌

贵州黎平县尚重镇一带多个乡镇的琵琶歌为一流派，女子自弹自唱，用真嗓声音演唱。

鼓楼待客之礼

侗族非常重视村寨与村寨间的集体性走访作客。外寨客人来时，挑着以食品为主的礼物。主人先迎到鼓楼小叙休息，然后才到各家聚餐、拜访。由于鼓楼是代表一个村寨的重地，于主人来说，在鼓楼迎客是对客人的隆重礼遇；于客人来说，先到鼓楼拜谒是对主寨的尊重。

鼓楼火塘议事

侗族很尊重老人，寨中公益事务多征求老人的意见。鼓楼火塘是他们议事的地方。

生机蓬勃的侗寨

节日歌舞娱乐的热闹场面

寨门前的隆重迎客礼

芦笙迎客

吹着芦笙在寨口恭候，客人一到，铁炮三响，芦笙齐鸣，把客人迎至鼓楼。

拦路迎客

拦路迎客为迎接集体来访客人或尊贵客人的一道隆重热烈的迎客礼。主寨姑娘们用她们经常使用的纺织工具等在寨门设置路障（没有寨门的在寨口通道），客人到来时，主寨姑娘用歌盘诘客人，客人对答合格，主方才撤开路障迎客人进寨。其间还有向客人灌酒喂肉等项目，主客两方借此逗趣。

风雨桥上待客——“长桌宴”

侗族的集体意识非常强烈，体现于方方面面，“长桌宴”是其一。所谓“长桌宴”，是将多张长桌或长的宽条凳拼接成一长排，饭菜摆其上，所有主客围坐一起，无等级贵贱和主次之分，一律平等，特别亲切、亲密。

拦路迎客中的『酒阵』

客人通过『歌阵』的盘对后，还要接受『酒阵』的拼搏才能进寨。这是主寨众姑娘用牛角酒具向客人灌酒，一角酒有半公斤，酒量小的人喝几口表示一下也可，不过侗族男女都喜欢饮酒，主客以灌酒取乐表示亲热。

从江县高增鼓楼

此书受贵州出版企业发展专项资金资助
此书受贵州出版集团重点图书资金资助

图书在版编目（CIP）数据

民族民间艺术瑰宝：鼓楼 · 风雨桥 / 宛志贤主编
石开忠，冯玉照等著. —贵阳:贵州民族出版社，
2009.1
ISBN 978-7-5412-1381-6

Ⅰ.鼓… Ⅱ.①宛…②石…③冯…Ⅲ.侗族—
古建筑—贵州省—画册 Ⅳ.K928.71-64

中国版本图书馆CIP数据核字（2008）第033406号

出版发行：贵州民族出版社
地　　址：贵州省贵阳市中华北路289号（邮编:550001）
印　　刷：深圳华新彩印制版有限公司
开　　本：635mm×965mm 1/8
印　　张：9
版　　次：2009年1月第1版
印　　次：2009年1月第1次印刷
书　　号：ISBN 978-7-5412-1381-6/K·163
定　　价：58.00元